CONGRÈS AGRICOLE DE LYON

Séance du 24 Avril 1869

L'AVENIR

DE LA

SÉRICICULTURE EUROPÉENNE

MESURES A PRENDRE AU JAPON

FONDATION D'UNE SOCIÉTÉ DE RECHERCHES

DES GRAINES SAINES

DISCOURS DE M. HECTOR MEYNARD

De la maison A. et H. Meynard frères, de Valréas (Vaucluse).

LYON

IMPRIMERIE D'AIMÉ VINGTRINIER

Rue de la Belle-Cordière, 14

1869

L'AVENIR

DE LA

SÉRICICULTURE EUROPÉENNE

CONGRÈS AGRICOLE DE LYON

Séance du 24 Avril 1869.

L'AVENIR

DE LA

SÉRICICULTURE EUROPÉENNE

MESURES A PRENDRE AU JAPON

FONDATION D'UNE SOCIÉTÉ DE RECHERCHES

DES GRAINES SAINES

DISCOURS DE M. HECTOR MEYNARD

De la maison A. et H. Meynard frères, de Valréas (Vaucluse)

LYON

IMPRIMERIE D'AIMÉ VINGTRINIER

Rue de la Belle Cordière, 14

1869

L'AVENIR

DE LA

SÉRICICULTURE EUROPÉENNE

MESURES A PRENDRE AU JAPON

Fondation d'une Société de recherches des graines saines.

MESSIEURS.

La partie du programme dont je vais avoir l'honneur de vous entretenir porte sur le choix des graines pour nos approvisionnements futurs ; elle se divise naturellement en deux parties : races étrangères, races de pays.

N'ayant que très-peu de choses à dire sur les graines de pays, c'est par elle que je commencerai.

On nous a souvent reproché d'être hostiles au grainage indigène et l'on attribue cette hostilité à notre qualité de marchands de graines étrangères.

Nous acceptons volontiers la première partie de l'accusation, mais nous repoussons la seconde de toutes nos forces.

Il est vrai que nous avons toujours vu avec peine les efforts que des hommes, bien intentionnés sans doute, ont fait pour conserver nos races de pays, parce que nous sommes convaincus que les magnifiques races importées tour à tour par le commerce auraient résisté bien plus longtemps à l'influence épidémique, si on s'était décidé de suite à les élever seules.

s'il n'était pas resté de distance en distance quelques chambrées empestées pour communiquer leur mal aux nouvelles venues.

C'est donc poussés par notre conviction et non par notre intérêt que nous avons cherché à propager les races étrangères.

Ne pourrions-nous pas en effet fabriquer plus facilement des graines de pays ?... N'aurions-nous pas beaucoup moins de chances à courir et la perspective d'un plus beau bénéfice ?... Si quelqu'un en doutait, la statistique serait là pour prouver que les graines de pays ont toujours été celles qui se sont payées le plus cher.

Les graines que je fabriquai en 1857 à Lefké, dans les montagnes d'Anatolie, et qui donnèrent d'excellentes récoltes, se vendirent 4 ou 5 francs par once moins cher que celles fabriquées à Sainte-Tulle par M. Guérin-Méneville ; celles que ma maison a fabriquées en 1868 en Portugal se vendent à crédit 4 ou 5 francs meilleur marché que ce que l'on paie comptant celles de M. Raybaud-L'Ange.

Aujourd'hui les races françaises ont presque complètement disparu et leurs plus grands partisans, ne pouvant plus nous conseiller d'une manière générale les graines des Alpes, du Var, de l'Auvergne, etc., « toutes graines qui ont donné de grandes déceptions apres avoir donné de petites espérances », nous conseillent de chercher à l'aide d'un microscope quelques reproducteurs sains dans une immense famille de malades.

En lisant le compte-rendu de la séance du 15 mars de l'Académie des sciences, nous voyons : « Que M. Pasteur et « M. Cornalia pensent que la maladie est donnée à des vers « sains par des corpuscules provenant de chambrées malades « et transportés par des courants d'air jusqu'à une distance « de 500 mètres », et il nous est permis d'en déduire que la sélection, pratiquée par des individus vivant dans un milieu certainement épidémique, se nourrissant d'une feuille que de grandes autorités présentent comme viciée, peut offrir les plus grands dangers.

La loi d'hérédité chez les insectes sérigènes complique encore la situation ; les graines vierges sont là pour établir la lointaine transmission de la fécondation et pour nous faire craindre la lointaine transmission de la maladie.

Le microscope est un précieux instrument d'observation, mais son maniement est difficile et il ne peut rendre de sérieux services qu'aux mains des savants de profession et seulement alors qu'ils seront tous d'accord.

Pour le moment, bien que diverses opinions se soient produites au sujet de la nature des corpuscules et du grossissement à demander au microscope, les micrographes sont tous d'accord sur un point. Que les vers provenant de graines non corpusculeuses ont souvent péri de la flacherie et n'ont pu donner des cocons quoiqu'ils ne fussent pas attaqués de la maladie épidémique.

Nous pensons donc que le microscope a encore beaucoup à apprendre à ceux qui savent le consulter habilement, et nous faisons des vœux bien sincères pour qu'il leur fasse reconnaître les graines qui n'ont pas de propension à la flacherie, comme elle leur a fait reconnaître déjà celles qui ont pu échapper à l'influence épidémique.

Mais nous croyons aussi fermement que ces recherches doivent rester quelque temps encore à l'état d'études, confiées à des gens spéciaux, et qu'en attendant nous devons chercher nos provisions de graines le plus loin possible des pays infestés, et la question des graines étrangères se présente naturellement à nous.

Parmi celles-ci, deux races seulement sont élevées industriellement; quelques autres se font connaître par des essais plus ou moins heureux.

Les deux qui comptent dans l'approvisionnement de 1869 sont celles de Portugal et du Japon.

Les graines de provenance portugaise, malheureusement délaissées par la majorité des éducateurs, nous présentent au milieu de la débâcle générale une exception qui mérite d'être signalée.

Depuis 1859, nous fabriquons des graines dans ce pays, et les magnifiques résultats que nous avons obtenus aux essais précoces de 1869 nous engagent à y retourner une onzième fois.

Dès la première année, elles furent méprisées à cause de la

quantité de doubles qu'elles produisaient, parce que Nouka commençait à donner des produits plus satisfaisants.

Vers 1862, quoique sensiblement améliorées, elles furent écrasées par la supériorité des cocons de Bukarest.

Depuis, les races de Nouka et de Bukarest ont été emportées par le fléau, tandis que celles du Portugal ont résisté en s'améliorant constamment.

Malheureusement pour les graines de Portugal, l'esprit public, trop préoccupé des cocons blancs et verts du Japon, confond avec elles et sous une même dénomination toutes les graines débarquées à Marseille, de Grèce, de Macédoine, de Bulgarie et du Caucase, et se contente de dire : les graines jaunes ne réussissent pas.

Il est vrai que peu de graines jaunes réussissent, mais les exceptions heureuses qui se présentent sont dues généralement aux graines de Portugal, de provenance certaine, qui réussissent toujours lorsqu'elles ne sont pas attaquées par la flacherie à laquelle elles sont exposées, surtout dans les pays humides.

Il en est tellement ainsi qu'après les plaintes générales qui se produisent au moment de la récolte contre les races à cocons jaunes, les marchands de graines de Portugal voient revenir les uns après les autres tous leurs clients des années précédentes.

Le Portugal nous a donc fourni des graines saines depuis dix ans, c'est-à-dire bien plus longtemps qu'aucun autre pays; nous espérons qu'il pourra pendant plusieurs années encore nous fournir une partie de notre approvisionnement et nous sommes soutenus dans notre espoir par de puissantes raisons.

La production portugaise est à la fois très-faible et très-divisée ; elle est aussi très-isolée, car l'Espagne centrale et l'Espagne occidentale n'élèvent pas des vers à soie.

Les éducations, qui y dépassent très-rarement une demi-once, se font par terre et sans feu dans des appartements mal fermés.

Sauf dans les nouvelles plantations qui commencent à peine à produire, les mûriers, appartenant à l'espèce la plus grossière des mûriers noirs, y vivent à l'état sauvage sans jamais être greffés, taillés ni fumés.

Les vers, se nourrissant de la feuille coriace et dure de ces arbres, vivent de cinquante à soixante jours suivant que le printemps est plus ou moins chaud.

Les insectes ainsi traités, se rapprochant le plus possible de l'état de nature, peuvent donner industriellement un produit moins riche, mais doivent certainement conserver une plus grande robusticité et, sur ce point, je puis appuyer mon opinion sur celle déjà émise par deux sériciculteurs distingués : M. Allard, d'Annecy, et M. de Masquard, de Saint-Cézaire-lès-Nîmes.

La position topographique du pays vient encore augmenter l'espoir que nous avons de voir le Portugal se conserver encore longtemps sain.

La maladie, qu'on l'appelle gattine, pébrine ou maladie des corpuscules, a commencé en France d'où elle est passée en Italie d'abord, puis en Grèce, et de Grèce en Turquie et en Perse, ne cessant, depuis qu'elle a paru chez nous, de s'avancer vers l'Orient.

Après avoir longtemps fui devant elle, nous voyant toujours rattrapés au bout de quelques années, nous fûmes frappés de cette remarque et essayâmes de lui tourner le dos.

C'est alors que nous arrivâmes en Portugal le pays, le plus occidental de l'Europe, espérant que la maladie ne pourrait nous y rejoindre qu'après avoir fait le tour du monde.

Jusqu'à ce jour, nous n'avons eu qu'à nous féliciter de notre idée et nous pensons sérieusement que, pendant bien des années encore, le Portugal pourra nous envoyer de 2,500 à 3,000 kilogrammes de graines saines, à la condition toutefois qu'on ne lui en demandera pas davantage, car, pour en obtenir une plus grande quantité, on serait obligé d'employer au grainage des cocons inférieurs ou de pousser à la surproduction, ce qui est un danger immense dans tous les pays.

Pour cela, il suffit en Portugal, comme dans tous les pays où les relations sont déjà bien établies, de laisser faire le commerce sans l'aider mais sans l'entraver et en laissant à chaque industriel le soin de se faire patronner par les résultats qu'il obtient.

La première affaire qui a été organisée pour l'importation

des graines du Japon et dans laquelle ma maison avait une large part le fut pendant l'hiver de 1862-63.

Des contrariétés de toute espèce, parmi lesquelles figure en première ligne la suspension momentanée des relations entre la France et le Japon, empêchèrent les délégués du Salut séricicole de pénétrer dans ce pays, et ils revinrent à travers la Sibérie n'apportant que quelques kilogrammes de graines de Chine.

Plus heureux qu'eux, M. Berlandier, de Barbentane, alors résidant en Chine, put profiter d'un moment favorable pour passer au Japon et y acheter le premier lot important de graines qui soit arrivé de ce pays.

Mais, comme tous les pionniers de la sériciculture, M. Berlandier eut sa large part de contrariétés, car les graines qu'il rapporta par la Sibérie avec tant de frais et à travers tant de risques personnels n'ont pas éclos.

Cependant, pas plus l'un que l'autre nous ne nous laissâmes abattre par ce premier échec et, dès la récolte suivante, nous nous trouvâmes ensemble au Japon où tant de maisons nous ont suivi depuis.

Dans les premières années, nous n'avons trouvé que des graines fabriquées par les Japonais pour leurs provisions dans les pays de meilleure production.

Ces graines donnèrent en Europe de si beaux résultats que bientôt on oublia toutes les autres provenances pour se porter en foule vers le Japon qui nous inonda de graines polyvoltines.

Les acheteurs se préoccupèrent dès lors des moyens de reconnaître les graines annuelles, et les éducateurs, ne pouvant acquérir toute l'expérience nécessaire pour cela, demandèrent au gouvernement de faire apposer par ses représentants au Japon un timbre avec l'indication du mois sur les cartons qui leur seraient présentés.

Le gouvernement, toujours soucieux des intérêts des agriculteurs, s'empressa de faire droit aux réclamations et le timbre mensuel fut institué.

Malheureusement, à côté d'un très-petit avantage, cette mesure présente de graves inconvénients.

Comme il n'est pas matériellement impossible, dans les années précoces, d'avoir des bivoltins en juillet, le timbre de ce mois ne peut indiquer que la probabilité de l'annualité et peut être remplacé avantageusement par la garantie d'un importateur connu.

Tout le monde sait que les meilleurs cocons sont produits dans les provinces montagneuses du Nord et ne peuvent arriver qu'en août et septembre à Yokohama, tandis que de très-mauvaises graines d'Adjodji que les Japonais ne voudraient pas élever eux-mêmes arrivent facilement en juillet. De là, abandon partiel des précieuses semences de Sinshou et d'Oshiou, et surproduction dans les environs de Yokohama.

On comprend facilement en outre que, tant que le timbre mensuel durera, les Japonais auront intérêt à faire arriver les graines le plus tôt possible sur les marchés et les mettront en route à peine pondues, ce qui est un danger immense.

Depuis quelque temps, les esprits se sont très-vivement préoccupés de cette importante question, de nombreuses pétitions ont été adressées tant au gouvernement français qu'au gouvernement italien, pour que le nom du mois ne soit plus indiqué sur le timbre d'origine. Tout nous fait espérer qu'il sera fait droit à de si justes réclamations ; il ne nous reste plus qu'à supplier notre illustre président de faire connaître la décision aussitôt qu'elle sera prise au représentant de la France au Japon, et de le faire par dépêche télégraphique afin que les Japonais soient prévenus à temps pour rendre la mesure profitable dès cette année.

Voilà, Messieurs, tout ce que j'avais l'intention de dire sur le timbrage des cartons; croyant la question résolue et sachant combien vos instants sont précieux, je m'étais efforcé d'être bref le plus possible. Mais en arrivant à Lyon, j'apprends combien nous sommes encore loin du but si ardemment désiré, et je me permets de revenir sur ce sujet. Si je garde la parole un peu plus longtemps que je l'aurais voulu, vous m'excuserez, je l'espère, en raison de l'importance du sujet.

J'ai dit plus haut et je redis avec insistance, que les meilleures graines de Sinshou et d'Oshiou ne peuvent pas arriver à Yokohama avant août et septembre ; M. Joubert nous affirme bien dans sa circulaire qu'ils étaient tous arrivés le 2 août, mais M. Joubert ne connaît le Japon que par les rapports de ses employés, et je le connais pour l'avoir visité personnellement plusieurs fois ; je me permets donc d'exprimer un avis contraire au sien.

Les quelques cartons satisfaisants qui nous arrivent en juillet de Djochiou, arrivent escortés d'une quantité considérable de Soshou et d'Adjodji qui donnent des cocons souvent bien plus mauvais que les bivoltins, et qui ne donneront bientôt plus rien si nous conservons une mesure qui pousse à la surproduction.

En matière de grainage, la surproduction comprend l'art de produire beaucoup de cocons avec peu de feuille, celui de consacrer à la reproduction tous les individus obtenus, même les plus faibles et les plus rachitiques, et d'arriver le plus rapidement à la dégénérescence des races.

Pour arriver en juillet, les graines à peine pondues, que les Japonais conservaient si bien autrefois sans oser même les remuer, sont emballées avant même d'être arrivées à leur coloration complète. Les cartons encore tout humides des déjections des papillons, sont entassés dans des caisses hermétiquement fermées et voyagent à dos de cheval sous les rayons ardents de juillet. Une fermentation fatale se développe qui provoque toujours une moisissure et qui est souvent assez puissante pour tuer le germe.

C'est en vain que l'on nous recommandera de ne pas acheter de cartons qui arrivent dans de si mauvaises conditions..... Parmi les personnes distinguées qui me font l'honneur de m'écouter si patiemment, plusieurs ont visité le Japon et savent comme moi que dans l'arrière de toutes les boutiques japonaises, il existe de vastes salles dans lesquelles on s'occupe, à l'aide de brosses, pinceaux, etc., à faire disparaître pour quelque temps au moins toutes les traces d'avarie, et bien que nous n'achetions que des marchandises ayant toutes les apparences d'une parfaite conservation, nous sommes exposés en juillet plus qu'à toute autre époque de l'année, à acheter des graines inertes. L'expérience, d'ailleurs, vient ici plaider en faveur de ma cause, d'une manière incontestable. Sur 100 cartons qui n'éclosent pas, il y en a toujours au moins 90 de juillet.

Une question que j'avais passée sous silence, parce qu'elle n'était pas une question de vie ou de mort comme les autres, mais qui cependant a bien son importance, est la question des prix.

Les Japonais savent fort bien que le gouvernement français, à l'aide de son timbre mensuel, frappe de discrédit tous les cartons qui ne sont pas achetés en juillet. Ils savent, par ce fait seul, que nous sommes obligés d'en avoir et, nous tenant le couteau sous la gorge, nous forcent à payer les prix qu'ils veulent. Les producteurs du Nord, sachant ce que l'on a payé les graines inférieures de Adjodji, élèvent leurs prétentions et les prix se soutiennent jusqu'à la fin de la campagne, au grand préjudice des acheteurs d'abord, des éducateurs ensuite qui finissent toujours, eux, par payer les pots cassés.

En somme, Messieurs, depuis le premier jusqu'au dernier jour, il y a sur la place de Yokohama quelques bons cartons et beaucoup de mauvais.

En juillet, bonnes et mauvaises graines sont annuelles ; après juillet, les annuelles sont toutes bonnes, les mauvaises sont bivoltines ; et pour répondre d'une manière générale à l'interpellation de M. le marquis de Bimard, je mets en fait que s'il est possible de distinguer les races annuelles les unes des autres, il est infiniment plus facile de reconnaître les annuelles des bivoltines ou trivoltines, j'en déduis tout naturellement que lorsque nous voulons choisir de bonnes races, nous sommes beaucoup plus exposés à nous tromper avec les graines de juillet qu'avec les autres. Et je conclus enfin que la faveur que leur accorde le gouvernement en les recommandant aux éducateurs, à l'aide d'un timbre spécial, a assez duré.

Et ce que je viens de vous dire, Messieurs, est tellement vrai, que lorsque M. le baron Chaurand, que vous venez d'entendre soutenir si chaleureusement et si éloquemment la cause du timbre mensuel, m'a fait l'honneur de me demander des graines pour sa provision..... je lui ai offert d'assez bons annuels de juillet, des bivoltins d'août, mais en lui recommandant plus spécialement d'excellents cartons timbrés septembre, et c'est à ceux-ci que s'est fixé le choix de M. le Président de la Société d'agriculture du Rhône.

Au milieu des réclamations générales, une voix s'est élevée pour défendre le timbre mensuel. Un agriculteur des plus distingués, qui joint à une grande éloquence le plus parfait désintéressement, M. le marquis de L'Espine, président de la Société d'agriculture de Vaucluse, a demandé, au nom de la Société qu'il préside avec tant de distinction, la conservation du timbre mensuel.

Les paroles et les écrits de M. le marquis de L'Espine ont trop de valeur pour qu'il me soit permis de passer sous silence la lettre qui vous a été distribuée hier.

La Société d'agriculture de Vaucluse a obtenu, à la récolte de 1868, des résultats satisfaisants avec des cartons de juillet et, en déduit qu'il doit en être de même de tous les juillet, et c'est là un grand tort.

Les cartons ont été bons, non pas parce qu'ils avaient été timbrés en juillet mais parce qu'ils avaient été demandés à un négociant honorable qui n'avait pas craint de mettre son nom à côté du timbre, et, pendant que M. le marquis de L'Espine constate les bons résultats qu'il a obtenus, dans le même département, M. Méritan, de Cavaillon, affirme qu'il n'a pu avoir que de très-mauvais cocons avec les cartons portant ce timbre, et un très-grand nombre d'éducateurs confirment le dire de M. Méritan, notamment ceux de l'arrondissement de Saint-Marcellin dont j'ai entendu les plaintes récemment.

D'ailleurs, tout en défendant le timbre mensuel, M. le Président de la Société d'agriculture de Vaucluse vous dit lui-même (au bas de la page 112 de sa lettre) :

Personne n'ignore qu'après le mois d'août il peut arriver un certain nombre de cartons annuels, mais ce ne sera jamais une exception. Les éducateurs ne seront jamais assez oublieux de leurs intérêts, assez inintelligents pour refuser ces cartons lorsqu'ils leur seront offerts par des maisons connues, par des maisons qui auront fait leurs preuves.

Et plus loin :

Les importateurs, les négociants, les directeurs d'essais prévoces peuvent nous apporter des graines timbrées de septembre ou d'octobre et s'ils nous les garantissent nous les accepterons bien volontiers.

Il en vient donc à nous dire qu'il se contentera de notre garantie, quelque soit le nom du mois et sans en tenir compte.

mais alors. pourquoi s'obstiner à demander un timbre variable ?

On vous a également distribué hier les observations de M. Joubert sur le grainage. Permettez-moi, Messieurs, de donner place ici à un petit *à parte*. J'éprouve le besoin de remercier M. Joubert des puissantes raisons à l'aide desquelles, en essayant de défendre le timbre mensuel, il vient m'aider à le renverser.

Je relèverai seulement, pour mémoire, une petite erreur commise par M. Joubert, lorsqu'il nous dit :

Le commerce demande la suppression du timbre mensuel, ou du moins, qu'il ne soit plus obligatoire.

Le timbre n'a jamais été obligatoire ; mais ceci est sans importance.

A la cinquième page, il nous dit :

Il y aurait encore à craindre que la fraude ne trouvât moyen de faire de faux timbres..... Le timbre consulaire français n'a-t-il pas été contrefait en Italie ?

En suivant ses conseils, nous devons donc reconnaître comme ayant très-peu de valeur un timbre si facile à falsifier.

Nous lisons au bas de la septième page :

Ainsi, les beaux cartons d'Oshou se sont vendus au Japon de 22 *à* 28 *fr. A cette même époque, dans le même temps, on achetait des cartons de* 15 *à* 20 *fr. et d'autres de* 6 *à* 10, *que l'on pouvait faire timbrer en juillet ou du* 1er *au* 15 *août.*

Il constate donc que nous devons bien nous garder de considérer comme de même valeur et de même mérite tous les cartons portant le même timbre.

Si quelqu'un de vous, Messieurs, doutait encore que l'on puisse acheter de bonnes graines à toutes les époques, M. Joubert prend le soin de le lui prouver en racontant à la huitième page ce qui lui est arrivé :

On prétend que fin septembre, octobre et même novembre, on peut acheter des cartons annuels, c'est possible, je le crois. Il est arrivé à mon délégué d'acheter une partie de cartons...... c'était de très-bons annuels.

Que penser, Messieurs, d'une mesure que ses plus ardents défenseurs sont obligés de déclarer susceptible de nous tromper au point de nous faire supposer excellents de mauvais cartons de 6 fr....., de nous déclarer mauvais des cartons qui donnent d'excellents cocons ?

M. Joubert termine en disant :

Du reste, si j'insiste pour le maintien du timbre facultatif de juillet et première quinzaine d'août, ce n'est certes pas pour moi, car, sans présomption, ma maison est une de celles qui en auraient le moins besoin, par suite de la confiance que l'on m'accorde et que mes antécédents m'ont fait mériter.

Et ici encore, Messieurs, je suis heureux de me trouver d'accord avec l'auteur de ces précieuses observations. M. Joubert, à cause de l'honorabilité de sa maison, honorabilité à laquelle je me plais à rendre publiquement hommage, après lui il est vrai, mais avec lui, peut se passer de timbre ; toutes les maisons qui, comme lui, ont su mériter la confiance, peuvent se passer de timbre..... Mais alors, Messieurs, la conclusion est toute naturelle..... Le timbre ne favorise que les intérêts de ceux qui n'ont pas su mériter la confiance publique... et je demande non-seulement que le Congrès agricole appuie les pétitions adressées par les Chambres de commerce de Lyon et d'Avignon, mais encore que la rédaction de l'adresse contienne cette grande vérité :

Que les honnêtes gens n'ont pas besoin de timbre.

Les graines au Japon sont achetées par de nombreux importateurs qui peuvent se diviser en trois catégories distinctes : spéculateurs, graineurs, représentants de Sociétés coopératives.

Les spéculateurs, Anglais ou Allemands pour la plupart, font le commerce des graines comme ils faisaient celui des bois ou des fers, et ramassent sur les marchés de l'Extrême-Orient les marchandises de second choix pour les consigner en France ; mais ces cartons ne portant généralement pas de nom connu, ne doivent pas être mis en comparaison avec ceux offerts par les Sociétés coopératives ou les graineurs.

Ceux que je désigne sous le nom de graineurs sont des hommes pratiques qui se rencontrent aujourd'hui au Japon, après s'être rencontrés en Turquie ou en Perse, en Italie ou en Portugal. Ils vont, à leurs risques et périls et selon leurs ressources personnelles, chercher des graines pour la clientèle qu'ils se sont péniblement acquise.

Ces hommes, dont la fortune dépend des graines qu'ils livrent, ont intérêt, d'abord à importer de la bonne marchandise et de l'importer dans de bonnes conditions ; ensuite, à acheter le meilleur marché possible pour trouver un débouché facile.

Ils prennent à leur charge les chances de toute espèce : incendie, naufrage, vol, non éclosion, etc..., ils garantissent annuelles les graines qu'ils distribuent, et s'engagent à rendre le montant de toutes celles qui seraient polyvoltines.

Les délégués des Sociétés coopératives, dans l'espoir d'être utiles à leur pays, vont au Japon avec des capitaux étrangers chercher des graines sur lesquelles ils prélèvent, quelle qu'en soit la qualité, une commission qui, suivant l'importance de la Société, s'élève de 25 à 100,000 francs.

Ces Messieurs, n'étant poussés que par le désir de secourir la sériciculture en détresse, ne peuvent et ne doivent rien garantir ; tous les risques restent pour le compte des souscripteurs.

Sauf de très-rares exceptions, les Sociétés coopératives ont deux buts : l'un de procurer aux éducateurs de bonnes graines à bon marché, l'autre de procurer, sans l'ombre d'un risque, une excellente commission au délégué.

Si le second est toujours atteint, il n'en est pas de même du premier.

Je sais bien que l'on peut m'opposer des exemples écrasants et me dire : Les Sociétés coopératives ont livré cette année à vingt francs, des graines que le commerce nous fait payer vingt-cinq !!.. Je le confesse bien volontiers, mais, par contre, j'affirme que si nous, commerçants, qui défendons notre argent de toutes nos forces, nous avions été seuls, s'il n'y avait pas eu 60 personnes qui se faisaient la guerre avec l'argent des autres, nous aurions obtenu les meilleurs cartons à 7 ou 8 fr. et aurions pu vous les livrer à 12 fr., faisant ainsi et votre affaire et la nôtre.

Est-ce à dire pour cela que l'on doive supprimer les Sociétés coopératives ?

Je ne vais pas jusque-là, je pense seulement qu'une réforme dans la manière de rétribuer leurs délégués est indispensable.

Au lieu de rendre les intérêts des acheteurs et des souscripteurs solidaires, les honoraires fixés à tant par carton ont l'immense inconvénient de les séparer toujours et de les mettre souvent en concurrence.

Pour ne citer qu'un exemple . Un délégué, chargé d'employer pour une Société 200,000 fr. au Japon, aurait pu acheter cette année, avec cette somme, 20,000 cartons inférieurs de Djochiou et gagner, à 2 fr. par carton, 40,000 fr. ; ou bien 10,000 Oschiou, bien plus avantageux pour ses souscripteurs, mais qui lui auraient donné seulement 20,000 francs de bénéfice.

Très-probablement le délégué aurait donné la préférence aux Oschiou, sacrifiant ses intérêts à ceux de ses commettants (ceci ne fait pas pour moi l'ombre d'un doute), mais il n'en est pas moins dangereux pour tous de lui créer une position aussi délicate.

On éviterait cet inconvénient très-facilement. Il suffirait pour cela que les Sociétés coopératives missent à la disposition de leurs délégués un capital limité, qu'ils ne pussent dépasser en aucun cas et que, au lieu de leur fixer un appointement de 1 fr. 50 à 2 fr. par carton, elles leur donnassent une commission de 10 à 15 % en nature sur leur importation, c'est-à-dire dix ou quinze cartons pris au hasard pour chaque centaine de cartons importés.

L'une de ces deux conditions les engageant à acheter bon, l'autre les empêchant d'acheter cher, leurs intérêts s'identifieraient avec ceux de leurs souscripteurs et tout n'en irait que mieux.

On verrait alors les prix baisser sensiblement au Japon, et ceux demandés en Europe par les Sociétés coopératives et le commerce ne seraient plus séparés que par un léger écart, qu'expliquerait surabondamment la différence des risques.

Mais nous l'avons écrit et publié souvent, il est souverainement dangereux de se fier au Japon seul.

Inutile d'énumérer de nouveau les périls qui résultent des conditions politiques, des révolutions profondes qui peuvent, à un moment donné, nous fermer les portes du Japon.

Nous avons fait ressortir ailleurs la possibilité d'un incendie général au moment où toutes les graines sont à Yokohama, et les chances de naufrage de bateaux qui portent chacun un tiers de notre approvisionnement ; mais les sériciculteurs habitués à suivre le fléau à travers ses ruines dans le monde, se préoccuperont avant tout de la possibilité d'une irruption soudaine de la maladie, et voudront être en mesure de prolonger les jours de la sériciculture nationale, si cette heure fatale, ce qu'à Dieu ne plaise, venait à sonner.

Notre voix isolée est restée sans écho en France, et nous avons le regret de nous voir devancés dans la voie des recherches par les Italiens qui, dès cette année, ont importé en Europe des graines de Boukara, du Cokan, de Mantchourie et de Montgolie.

Dans quelques jours, nous serons renseignés sur le mérite de ces races, et dès lors, il nous conviendra d'aller nous-mêmes dans ces pays ou de chercher ailleurs, et c'est ici que la coopération devient indispensable.

Si tout homme, désireux de travailler, peut isolément aller chercher des graines dans un pays dont la production est connue, dont la route est tracée, avec la possibilité de calculer à l'avance tous ses frais et d'assurer quelques-uns de ses risques, il n'en est certainement pas de même lorsqu'il s'agit d'aller presque au hasard, dans des pays que l'on connaît à peine de nom, s'exposer aux dangers de toute espèce, visiter les peuples les plus inhospitaliers pour chercher un échantillon de cocons qui fait la fortune de cent maisons après avoir ruiné celui qui s'est sacrifié pour le découvrir.

C'est donc par l'association seulement que nous parviendrons a découvrir quelques unes des races précieuses qui existent certainement encore dans quelque coin ignoré du globe.

Les découvertes à faire étant une question d'ntérêt général, il faut que tous les sériciculteurs intelligents y prennent part en fondant une *Société de recherches*, une société qui, dégagée de toute idée de commerce, de tout esprit de concurrence ou de jalousie, s'inspire des conseils de tous, fasse connaître à tous les résultats obtenus pour guider dans la bonne voie ceux qui ont envie de bien faire, et qui se retire pour chercher ailleurs dès qu'elle se verra suivie dans un pays par un assez grand nombre de graineurs pour que ses services n'y soient plus indispensables.

Le gouvernement, les sociétés d'agriculture, les chambres de commerce de nos grandes villes industrielles, pourraient venir en aide aux sériciculteurs en accordant une subvention à la société de recherches séricicoles, en lui fournissant un directeur et un conseil d'administration, en choisisant les délégués. Il ne nous reste plus maintenant à parler que des graines d'Amérique.

Depuis quelque temps, la Californie, le Chili; le Pérou, la république de l'Equateur nous envoient des graines que plusieurs directeurs d'essais précoces nous recommandent comme parfaitement saines et ne laissant rien à désirer sous le rapport du mérite des cocons.

Celles des provinces sub-Equatoriales ayant en venant chez nous à supporter un revirement de saisons, n'ont, pendant longtemps donné que très-difficilement des éclosions au printemps, mais ce n'a été qu'une difficulté d'un moment et on obtient aujourd'hui, paraît-il, des éclosions aussi régulières avec les graines du Chili et du Pérou, qu'avec toutes les autres.

Il ne nous reste plus à connaître pour les graines d'Amérique qu'une chose, mais une chose très importante : pouvons-nous compter recevoir beaucoup de graines de ces pays ? et dans quelle proportion chacune de ces provenances pourra-t-elle venir à notre secours lorsque nous aurons besoin d'elles ?

Jusqu'à présent, plusieurs maisons ont bien reçu des graines d'Amérique, mais personne encore n'a osé sacrifier vingt mille francs et perdre une année pour aller se rendre un compte exact de la production de ces pays.

S'il est trop tard pour organiser une expédition chargée de faire des recherches en Asie, le moment, au contraire, est excessivement favorable pour envoyer quelqu'un en Amérique et il me paraît digne de cette réunion d'hommes distingués de profiter de l'occasion qui lui est offerte :

Quarante Français au moins vont partir pour le Japon où leurs affaires les retiendront jusqu'en septembre. L'un deux, pourrait être chargé par vous, Messieurs, de revenir par la voie d'Amérique, de visiter en passant la Californie, et, de là, passer au Chili où il arriverait au moment des éducations générales.

Votre délégué vous rapporterait en janvier prochain des échantillons de diverses provenances et vous renseignerait d'une manière exacte sur la production de ces nouveaux pays

Les frais que vous auriez à supporter seraient relativement peu considérables, car votre représentant ne laissant pas complètement de côté pour vous ses affaires personnelles, n'aurait pas le droit d'être exigeant, si j'en juge d'après ce que je serais tout disposé à faire moi-même. Celui qui aurait l'honneur d'être choisi par vous, Messieurs, ne demanderait aucune gratification et se contenterait, pour s'indemniser de ses frais de voyage, de la somme que vous voudriez bien lui fixer vous-mêmes.

En résumé, Messieurs, le fléau contre lequel nous voulons conjurer nos efforts a pris naissance en France, pour de là étendre ses ravages sur tous les pays sérigènes qu'il a rencontrés dans sa marche d'Occident en Orient.

Avant que la maladie des vers à soie fût classée parmi les fléaux publics, elle frappait à la base l'industrie de notre province, et comme l'examen le plus superficiel en montrait les caractères à la fois contagieux et héréditaires, il n'était pas difficile d'échapper à ses atteintes, ou plus exactement à ses conséquences. Pour cela, il fallait aller chercher dans les pays sains des graines capables de donner des récoltes quand, de toute évidence, les races locales s'engouffraient l'une après l'autre au fond de l'abîme qui menace d'engloutir l'industrie française par excellence.

Poursuivis par le fléau jusqu'au bout du monde, ces graineurs que tant de contradictions entravent encore, croient avoir fait une œuvre essentiellement utile et nationale, et celui d'entreux qui a l'insigne avantage de porter la parole devant cette brillante assemblée ne craint pas de revendiquer devant elle la responsabilité et l'honneur de ne s'être laissé surpasser par personne, soit dans dans la recherche des bonnes graines à travers le monde, soit dans le patronage des graines étrangères par ses écrits, ses paroles et ses actes.

Pénétrés de respect pour la science, remplis de confiance dans les résultats futurs de ses recherches, les graineurs intelligents la supplient de lui dire, si, à l'heure qu'il est, tout ce que la science proclame comme acquis définitivement ne se résume pas en ces mots : Le fléau des magnaneries est certainement épidémique, héréditaire, contagieux.

Ces paroles, les graineurs les ont prononcées les premiers, elles ont dicté leur conduite, elles soutiennent leur courage à travers les épreuves de leur ingrate industrie, et quand des jours meilleurs se seront levés pour la malheureuse sériciculture, on leur saura peut-être quelque gré de leur persistance.

Le principe de l'importation des graines, tant que que durera une maladie épidémique, héréditaire, contagieuse, est incontestable.

Malheureusement le champ des recherches se rétrécit au moment où ces recherches deviennent plus nécessaires ; le danger personnel s'accroît avec les risques financiers.

Vous penserez, Messieurs, que l'avenir de cette noble industrie des soies qui fait la fortune d'une grande partie de la France, que l'avenir de cette ville qui nous offre aujourd'hui l'hospitalité, ne peuvent être abandonnés au hasard de ce que les révolutions sociales qui remuent le Japon jusque dans ses plus profondes assises, de ce que les caprices d'un fléau presque universel, peuvent apporter d'inconnu dans le difficile problème de la production soyeuse.

Vous grouperez vos efforts et parmi les nombreux graineurs que j'ai rencontrés sur tous les chemins du monde, vous en trouverez quelques-uns heureux et fiers de couronner leurs travaux en secondant vos recherches

Chercher dans les laboratoires de la science, chercher dans les recoins les plus ignorés du monde, telle est la double voie du progrès pour notre malheureuse industrie.

Supprimer l'une ou l'autre de ces recherches, c'est diminuer de moitié les chances d'un avenir meilleur.

L'illustre assemblée qui a daigné m'écouter avec tant de bienveillance les secondera toutes deux.

Si plus de quinze ans d'incessants voyages excusent l'insistance avec laquelle je me permets de redire la nécessité de l'organisation d'une société de recherches, je n'oublie point que la modeste pensée confiée à votre dévouement ne sera rendue féconde que par l'autorité attachée à vos décisions par la reconnaissance publique.

Lyon — *Moniteur des Soies* — Aime Vingtrinier, imprimeur

AVIS AUX CLIENTS

DE LA MAISON

A. & H. MEYNARD FRÈRES

DE VALRÉAS (VAUCLUSE)

Nos graines à cocons jaunes sont maintenant en notre pouvoir. Nous les expédions, franco par la poste, au prix de QUINZE FRANCS l'once de 25 grammes.

Les prix seront incessamment augmentés. Les nouvelles que notre sieur Hector MEYNARD nous fait parvenir du Japon, où il s'est rendu encore une fois de sa personne pour choisir nos cartons, font prévoir des prix excessifs et une rareté extrême de races annuelles de bonne qualité.

Tous nos souscripteurs aux cartons du Japon les recevront, aux *conditions convenues avec eux*, dès les premiers jours de décembre.

Il nous est impossible d'en promettre maintenant autrement qu'au prix qui sera établi par les bonnes maisons connues pour leurs races annuelles. Nous ne saurions trop engager nos clients à se pourvoir *dès aujourd'hui* de nos graines à beaux cocons jaunes dont voici les noms :

PORTUGAL (Tras os Montes), beaucoup de doubles.

HANGRAOVA, FREIXO DE NEMAO, SANTO AMARO, GOIJOIN,	à beaux cocons jaunes, presque sans doubles.

N. B. — On se procure les graines de notre maison, sans aucune augmentation de prix :

1° A l'Agence du MONITEUR DES SOIES, rue de la Bourse, 14, à Lyon.

2° Chez M. Casimir ROUSTANG, à Alais.

Lyon. — *Moniteur des Soies* — Aimé Vingtrinier, imprimeur

www.ingramcontent.com/pod-product-compliance
Ingram Content Group UK Ltd.
Pitfield, Milton Keynes, MK11 3LW, UK
UKHW020548230726
13925UKWH00006B/2459